超能编程队

猿编程童书 ————————————— 著

4

我是发明家

U0173497

云南出版集团

云南美术出版社

果麦文化　出品

欢迎来到
奇妙小学

加载 ……

60%

皮仔 年龄：9 岁

身份： 奇妙小学三年二班学生，编程小队灵感担当。

特征： 外号搞怪侠，喜欢调皮捣蛋。

爱好： 看漫画、打游戏、给同学讲奇异故事，最喜欢的书是《世界奇异故事大全》。

梦想： 改变自己的人生词云，成为编程发明家。

口头禅： 你猜怎么着？

袁萌萌 年龄：9 岁

身份： 奇妙小学三年二班新来的转校生，皮仔同桌，是编程小队的项目经理。

特征： 外号机器猫，超级学霸。

爱好： 学数学。

梦想： 成为超级编程发明家。

欧阳拓宇 年龄：9 岁

身份： 奇妙小学三年二班文艺委员，编程小队文案担当。

特征： 外号造句大王，口才好，有文采，但有点话多。

爱好： 爱好广泛，啥都喜欢，尤其喜看各种各样的书。

陈默 年龄：9 岁

身份： 奇妙小学三年二班学生，皮仔好兄弟，编程小队代码助手。

特征： 害羞，不爱说话，被人欺负的老好人。外号漫画大王。

爱好： 喜欢奥特曼。漫画重度爱好者。

口头禅： 嗯……

李小慈　年龄：9岁

身份： 奇妙小学三年二班生活委员。学校教导主任的女儿，编程小队测试担当。

特征： 长相甜美，但说话带刺儿，外号李小刺儿。

爱好： 怼人。

杠上花　年龄：9岁

身份： 奇妙小学三年二班学生，编程小队设计担当。

特征： 喜欢抬杠，外号杠上花。但其实只是想证明自己。

爱好： 喜欢服装设计，爱看《时尚甜心》。

梦想： 成为一名服装设计师。

马达　年龄：9岁

身份： 奇妙小学三年二班转校生，编程小队代码担当。

特征： 隐藏的代码高手。时刻要求自己进步。

爱好： 吃螺蛳粉，喜欢天文、科技。

百里能　年龄：9岁

身份： 奇妙小学三年二班班长。

特征： 对自己要求非常严格。在同学中有威信。理性、严谨。经常在家做各种发明。明里暗里与袁萌萌较劲。

爱好： 弹钢琴、编程。

钱滚滚　年龄：9岁

身份： 奇妙小学三年二班同学，编程小队宣传担当。

特征： 天生对数字敏感。

爱好： 对什么都有一点点兴趣。

我是
比格蒙

01

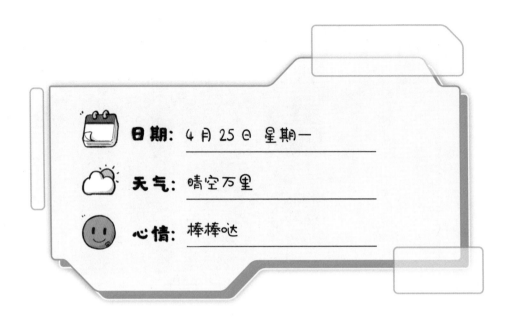

日期: 4月25日 星期一

天气: 晴空万里

心情: 棒棒哒

    最近，随着新一季奥特曼的播出，我们班同学都迷上了怪兽比格蒙。跟那些伤害人类、被奥特曼暴揍的坏怪兽不一样，比格蒙是一只好怪兽，对人类特别友好，奥特曼对它爱护有加，就像它的贴身保镖一样。我们喜欢比格蒙到什么程度呢？电视剧里，比格蒙的戏不是挺少的嘛，我们觉得不过瘾，就自发以比格蒙为主角，全班接力，写起了比格蒙番外故事。

    上周，轮到钱滚滚接力写故事。结果，他偏偏在蔚蓝蔚蓝的老师的课上，灵感爆发。就在他埋头奋笔疾书的时候，老师走过去，冷不丁地抽走他正在写的作文本。

"《比格蒙的奇妙旅行》？笔迹五花八门的，不是你一个人写的吧？"

我们只好乖乖举手。蔚蓝蔚蓝的老师吃了一惊。但随即，一抹神秘的微笑浮上她的嘴角。

"虽然老师鼓励你们平时多创作，但在该听课的时候，搞课外的事情，可就得不偿失了。作为惩罚——你们不仅要把这个故事写完，还要排成舞台剧演出来！"

啊？这么好玩的事能叫惩罚吗？大家一时有点蒙。听完蔚蓝蔚蓝的老师的解释，我们才明白，原来校园文化月就要到了，每个班都要出一个节目。老师的意思是，既然大家都喜欢比格蒙，就用它作为我们三年二班的节目。

有了蔚蓝蔚蓝的老师的鼓励，我们的原创比格蒙故事很快就写完了。接下来是舞台剧排练，没想到在演员人选上，出现了异常激烈的竞争。男生们都跃跃欲试地想演比格蒙。女生们争相要演跟比格蒙一起大冒险的人类女孩小樱。只有两个主角，十几个人都想演，这可怎么分配？

马达是少数对演戏没兴趣的人，就在我们与其他人抢作一团的时候，他幽幽地来了一句："谁最像谁演呗！"

可比格蒙是怪兽，哪有人长得像啊？马达又提议，大家可以角色扮演。这个提议好，一听角色扮演，我们顿时热情高涨。学校的动漫社就经常举办角色扮演活动。高年级的学长、学姐们会使用各种办法，把自己打扮成动漫里的角色，看上去特别酷。

"但是，怎么评判我们谁最像呢？"一向沉默的陈默问。

谁最像,谁演呗！

"简单！我们可以发明一个选角神器，用人脸对比分析谁的相似度最高。"

就这样，我们班达成共识，由角色扮演得最像比格蒙的人来演比格蒙。

那天放学，吃过晚饭，我一头钻进自己的房间，对着镜子捣鼓起来。我先用油画颜料，调出一个比格蒙红，对着自己的脸就是一阵涂抹。然后用画笔把嘴巴、眼睛加大！再用胶带黏住自己的鼻子尖，拼命往上提，终于形成了一个比格蒙式的朝天鼻。耶！比格蒙的脸初具雏形。接下来，就是比格蒙那一身带刺儿的红色外壳了。这个嘛……我妈有一条起毛的红色大毛裤，我就用它裹在头上，假装是外壳吧，完美！

第二天早晨，当我顶着这副装扮来到学校，那回头率，不说100%吧，也有97%了！传达室的大爷都没认出我来！不过，等我进了教室才发现，天外有天，人外有人，为了扮演比格蒙，同学们真是八仙过海，各显神通。

你知道有多夸张吗？钱滚滚直接裹了一条羽绒被过来！他也真是不嫌热呀！而且，为了模仿比格蒙的大厚嘴唇和厚眼皮，他居然挂了两根大香肠在嘴上！两根小香肠在眼睛上！简直是把今天的午饭直接放脸上了。

再看陈默，好家伙，他从哪儿搞来那么多硬纸壳，硬纸壳做的外

套、硬纸壳做的手指、还有硬纸壳做的腿和脚，看起来就像个简笔画版的比格蒙。

欧阳拓宇就细致多了，他用橡皮泥把嘴唇和上眼皮全都给加大加厚了，还做了个三角形的假鼻子。为了让嘴张得更大，他愣是在嘴巴里塞进了两团大棉花！这让他说起话来有点可笑。但最绝的是他的外壳，那是一件长毛绒的毯子，长长的绒毛被扎成一簇一簇的，涂成红色，参差不齐地支棱着，乍看上去，还真挺"比格蒙"的！其他人还有披拖布的、裹塑料袋的、套游泳圈甚至呼啦圈的。

等十几个"比格蒙"都到齐了，马达拿出他的智能手表，打开摄像头。激动人心的时刻到了！马达问："谁先测？"

"我！"钱滚滚边说，边跟只帝企鹅似的，摇摇摆摆地跑到马达跟前。

没一会儿，屏幕上就出现了钱滚滚和比格蒙的图片对比结果。钱滚滚跟比格蒙的相似度竟然有81%！他长舒一口气，一把脱掉身上的睡袋。顷刻间，汗水像瀑布一样从他的头顶流下来，把他眼皮和嘴皮上的香肠洗得油亮油亮的。

受到钱滚滚的鼓舞，我们也迫不及待地接受了人脸测试。我只有

75%，陈默有 69%！最终，欧阳拓宇以 90% 的相似度，获得了第一名！

我们又用同样的方式，决出了小樱的扮演者李小刺儿，她的相似度也有 90%。欧阳拓宇和李小刺儿开心得不得了，但我们这些落选者都多少有些失落。

陈默委屈地说："为了扮演比格蒙，我昨天准备到大半夜呢，以前演王子总轮不到我，现在演怪兽还是轮不到我……"

"哎，以前演公主轮不到我，现在演人类小女孩还是轮不到我！"杠上花也很失落，"难道我注定就不能当主角了吗？"

虽然我也非常失落吧，但转念一想，这次的主角才两个，能演上确实不容易，再说，没演成这两个角色也不能说我们不能演主角吧？

世上人物千千万，我就不信没有跟我们撞脸的！想到这儿，我忽然有了个好主意："我们可以把选角神器的**照片库**扩大，输入更多的人物甚至名人照片，看看我们最像哪一个！"

在我的提议下，编程小队大大扩展了选角神器的照片库存。经过一个周末的努力，**选角神器 2.0 版本诞生**！

今天早上一到学校，杠上花第一个把脸凑了上去："我先来！快让我看看，我跟谁长得最像？"

"克莱尔！"我念道。杠上花顿时高兴起来，上周落选女主角的阴霾一扫而光。

钱滚滚问："等等，这个克莱尔是谁呀？"

"这你都不知道？"杠上花得意地说，"克莱尔·麦卡德尔呀，美国'运动衣之母'，美国时装史上有冠名品牌的第一人！我居然跟她撞脸！这说明什么，说明我注定要成为设计师！要不这次舞台剧的服装就由我负责吧？我，奇妙小学的'克莱尔'一定不会让大家失望的！"

看到杠上花欢欣雀跃的样子，其他人也按捺不住，纷纷测了起来。陈默和他的外公最像，而我的同桌袁萌萌，居然撞脸了她的偶像——一位伟大的科学家！我也赶紧测了一下。没想到，我跟我的偶像有

65%的相似度，他是位发明家！哈哈，真是太开心了！

就在我们玩得不亦乐乎的时候，教导主任走了进来。李小刺儿就鼓动她老爸也测一个。结果，你猜怎么着？教导主任的脸居然也跟他的偶像——一位教育家最像！

教导主任连连点头："不错不错，这个选角神器2.0版还是很准的嘛！"

我们笑成一团。就在这时，包老师走了进来。欧阳拓宇偷偷给包老师拍了张照，也用选角神器测了一下，程序显示，包老师竟然跟童话故事《绿野仙踪》里的主人公最像！

我们再一次被震惊了！钱滚滚说："这、这这，真的准吗？毕竟多萝茜还是很苗条的！"

"这有什么不准的，人脸对比是根据骨骼轮廓来的，跟胖瘦关系不大的。"马达说完，包老师简直笑开了花。这下，包老师大概又要开始减肥了。

超能发明大揭秘

为了谁能演舞台剧里的比格蒙，同学们争论了半天也没有结果。要我说，谁最像就谁演。只要用我做出的选角神器，就可以靠数据说话，选拔出跟比格蒙长得最像的同学。来看看这个超能发明如何实现的吧。

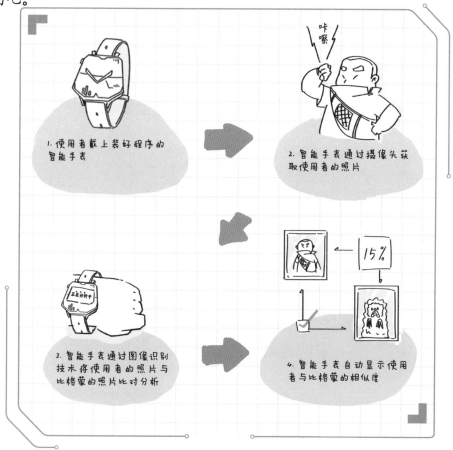

咔嚓

1. 使用者戴上装好程序的智能手表

2. 智能手表通过摄像头获取使用者的照片

15%

3. 智能手表通过图像识别技术将使用者的照片与比格蒙的照片比对分析

4. 智能手表自动显示使用者与比格蒙的相似度

打开程序，给想参演的同学拍摄一张照片，然后再选择比格蒙的照片，程序会自动分析两张照片中的人像，给出相似度数值！这样我们就能挑选出最像比格蒙的同学来扮演主角了。

人脸识别技术在今天的生活中太常见了，而且因为它的便捷、高效，让这项技术看起来似乎很简单。但其实，从 20 世纪 50 年代开始，学者们就开始探索人脸认知的奥秘了。到 20 世纪 70 年代才出现了与我们现在的人脸识别技术有关联的研究。此后，人脸识别技术作为人工智能的一个重要应用领域，开始了它的迅速发展。

2008 年，我国将完全自主研发的一套人脸识别系统用于北京奥运会上，在当时就可以实现人脸的快速准确检测。2015 年，中国人脸识别专利公开量超过美国，位居世界第一。如今人脸识别技术应用在我们生活的方方面面，如人脸识别门禁系统、手机刷脸解锁、刷脸支付等。

未来，人脸识别技术肯定会有更多应用，在医疗方面可以让我们更早发现疾病；在公共安全方面，它会帮我们更快地将坏人绳之以法；在安防系统中，它能更好地保护我们的重要财产。

安防监控

身份识别

人群分析

门禁系统

设计之光

02

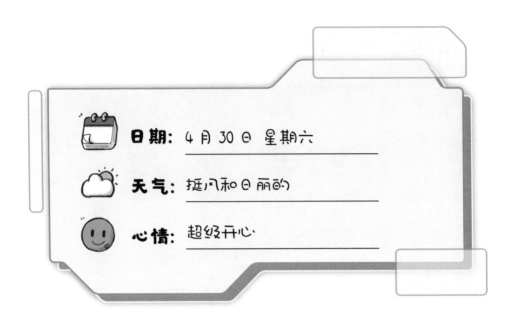

日 期: 4月30日 星期六

天 气: 挺风和日丽的

心 情: 超级开心

    周二的时候，杠上花给我们出了个大难题！为了文化月的话剧表演，她给我们每个角色都设计了服装。下午自习课，我们全班都在挑选适合自己角色的衣服。

    可杠上花给我的衣服怎么是斗篷呢？我想穿的可是披风呀！不过，这根本难不倒杠上花，只见她跟变魔术似的拿出了另一张设计稿给我，上面画着好几款披风。

    这时候，李小刺儿也嘟囔道："好漂亮的裙子啊！可惜不是红色的，我最喜欢红色了！"

你别说，杠上花耳朵还挺灵，她一个箭步就冲到李小刺儿身边说："要红色？有有有！红色的给你！"

整节自习课，只要有人说衣服不合适，杠上花也不生气，准能立刻拿出一张新的设计稿，我们都对她的设计才华佩服得五体投地！

蔚蓝蔚蓝的老师看到大家选得差不多了，提议道："光这样看，不试穿一下怎么知道是否合适？不如这样吧，咱们用班费买材料，把这些衣服都做出来让大家选！来，咱们一起看看需要用多少班费。"

杠上花一听这话，马上喜出望外，她从书包里掏出设计稿，然后重重地拍在

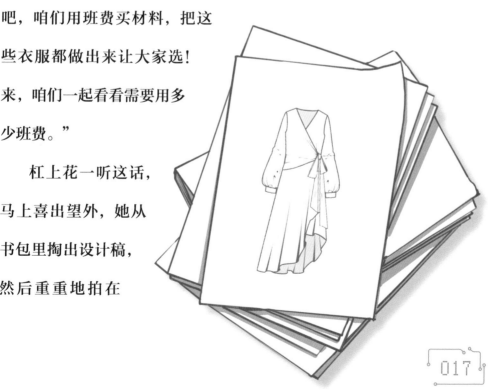

桌子上！我的天！这也太厚了，比我所有的课本加在一起还要厚！

蔚蓝蔚蓝的老师也很吃惊，忙问杠上花到底设计了多少套衣服。

"238套。"

杠上花竟然一晚上设计了这么多衣服！真是太不可思议了。蔚蓝蔚蓝的老师也傻眼了，这么多衣服，要是都做出来，得花多少班费！

"看来得再想想别的办法！这样吧，你们编程小队点子多，这个任务就交给你们了！"

这时，下课铃响了，编程小队的成员立刻凑成了一堆。

欧阳拓宇愁眉苦脸地说："蔚蓝蔚蓝的老师这次可是为难咱们了，这么多套设计的衣服，就是把零花钱都拿出来，也买不了那么多材料啊！"

"要是能不做出来就知道衣服合不合适就好了！"李小刺儿突然说。

可是，不做出来试穿怎么可能知道合不合适呢？我想了又想，突然灵光一闪："你们说咱们能不能发明出这样的东西呀，只要站在镜子面前，就能随便试衣服？"

杠上花眼前一亮："那不就和魔镜一样了？"

那不就和魔镜一样了？

"对，试衣魔镜！"我得意地说。

"还真是个好主意！"袁萌萌瞬间明白了我的想法，"我们发明一个试衣魔镜，只要站在镜子前，选择不同演出服的图片，就能看到自己穿上它的样子，这样我们就不用一件一件地做出来，再试穿了！"

说干就干！经过我们一晚上的不懈努力，试衣魔镜新鲜出炉！周三一大早，我们就把试衣魔镜安装在了学校的穿衣镜上，蔚蓝蔚蓝的老师刚一进教室，就问道："怎么样啊，发明家们，想到办法了吗？"

"老师，请您站到我们的新发明——试衣魔镜前吧！"

蔚蓝蔚蓝的老师很配合地往试衣魔镜前一站，她的面前立刻出现一套杠上花设计的衣服的虚拟图像，镜子里出现的则是她穿着这套

衣服的样子。接下来，杠上花的设计稿变成一件件虚拟衣服，在试衣魔镜里变换，镜子里依次出现这些衣服在老师身上的效果。

在老师的惊喜声中，同学们围了上去，争相试衣服，魔镜都快被他们挤破了。很快，大家都从魔镜中试到了自己喜欢的衣服。

"这个创意真好，又节省时间，又节省班费！"蔚蓝蔚蓝的老师对我们的新发明赞不绝口，"接下来，我们把大家选的几套衣服挑出来，去买材料做出来吧。"

不知道为什么，我总觉得衣服选好了，杠上花一点儿都不开心，反而更失落了！我可不是胡说的！一上午，杠上花在课堂上一次手都没举！要知道，她可是我们班的举手大王，有点小事儿她就举手。可是今天，连欧阳拓宇上课吃东西弄到她课桌上，她都没跟老师举手打小报告，这实在太反常了！

而且，不只我一个人发现了，袁萌萌也发现了。午休的时候，她问杠上花怎么了？

杠上花一开始不想说，犹豫了一会儿，她终于说出了原因："我就是觉得……我做了那么多设计，可大家只选了那么几件，其他衣服永远都不能做出来，有点儿可惜……"

杠上花一说完，钱滚滚就立刻说："我明白这种感受！就好像我在餐厅一下子看到好多好吃的，可我只能吃一点点，剩下的永远也吃不到，实在是太可惜了！"

"哎呀，钱滚滚你别打岔！"李小刺儿说，"杠上花，没关系的，以后总有机会的！"

杠上花点点头，可我知道她依旧不好受。这时候，马达提议可以办一个服装设计拍卖会。

"咱们把试衣魔镜搬到外面，让大家都来挑衣服，喜欢哪一套就可以把那套衣服的设计买下来。"

这可真是个好主意！这样一来，杠上花的设计就不算浪费了，至少能让大家都知道！杠上花一听，眼睛一下子就亮了！

"而且，卖的钱可以用来买材料，把大家选的设计做出来，然后送给他们！"马达继续说。

我们再次齐刷刷地点头，决定第二天就办，就叫它——"设计之光"拍卖会！

周四下午的课外活动课，拯救杠上花的"设计之光"拍卖会正式开始！我们把试衣魔镜搬到了操场上，效果居然还不错。没一会儿，

我们周围就围满了同学！一听说可以试穿新设计的衣服，大家一下子就兴奋了起来，排起长龙队，足足绕了操场两圈！

有几位同学一边排队一边讨论，钱滚滚听见了，立刻发挥他宣传小能手的作用。

"你们不知道吧？这可是我们班的大设计师——杠上花的作品！足足有200多件呢！你们要是喜欢，就买下来，回头等她做好了，给你们送去！"

同学们一听，都两眼放光。原来，这周末奇妙小镇有漫展，好多同学

你们不知道吧？这可是我们班的大设计师——杠上花的作品！

都打算去，正愁没合适的装扮。这下子，200 多件衣服设计被一抢而空，就在马上要被抢光的时候，包老师出现了！

"等、等一下！我还没选呢！"

杠上花看到包老师走过来，十分开心，因为连老师都要买她的设计。只见包老师对着镜子来回比画，好不容易才挑好一件。

拍卖会临近尾声的时候，蔚蓝蔚蓝的老师也来了。她没想到生意这么好，短短一节课的时间，200 多件全都卖出去了！

这下，轮到蔚蓝蔚蓝的老师失落了："周末的漫展我穿什么好呀！"

我们都起哄让杠上花再给蔚蓝蔚蓝的老师设计一套，没想到她挠着头说："我的设计灵感都耗尽了，最近都设计不出什么新花样了。"

没办法，谁让蔚蓝蔚蓝的老师来晚了呢！

今天一早，我们编程小队就出发去漫展了。一路上，全是穿着杠上花设计的衣服的同学。杠上花可开心了，不停地说"这是我设计的，那也是我设计的"。

走着走着，只听杠上花一声惊呼。我们都往杠上花眼神的方向看去。一个女生在灯光下一秒换一身衣服，引得全场欢呼！

我们走近一看，那不是别人，正是我们的班主任——蔚蓝蔚蓝的老师！而让她一秒换一身衣服的，正是我们的试衣魔镜！

　　这下，我们班可出了名了！我们编程小队也因为这个魔镜冲出奇妙小学，走向奇妙小镇啦！

　　杠上花可真厉害，这么短的时间，居然设计出了这么多舞台剧服装。不过，衣服多也带来了一个问题——该选哪套呢？在编程小队全体成员的努力下，我们发明了一面试衣魔镜，从设计图纸中就能挑选出适合自己的衣服。来看看这个超能发明如何实现的吧。

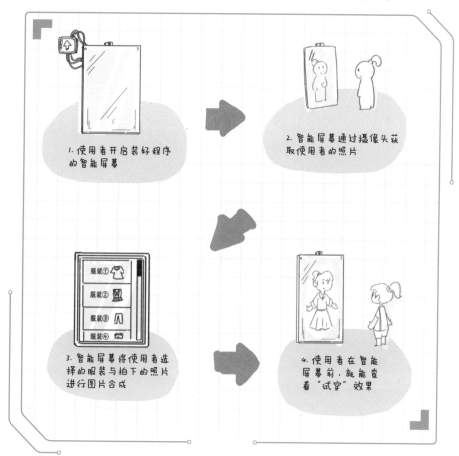

1. 使用者开启装好程序的智能屏幕

2. 智能屏幕通过摄像头获取使用者的照片

3. 智能屏幕将使用者选择的服装与拍下的照片进行图片合成

4. 使用者在智能屏幕前，就能查看"试穿"效果

　　打开程序，智能屏幕上会出现已经设计好的服装，只要我们站在屏幕的摄像头前，屏幕就会展示出我们穿上自己选中的服装是什么样子。只要我们在屏幕上动动手指，就可以随心所欲地"试穿"衣服啦。

在这个发明中，我们之所以能让屏幕展示人与衣服合在一起的效果，靠的是图像合成技术。

图像合成是一种用软件进行图片拼接，以达到想要效果的一种技术。我们的试衣魔镜，就是在试衣服的人站在摄像头前时，软件会把衣服覆盖在身体合适的位置，从屏幕里看上去，仿佛我们穿着那件衣服一样。如果想让

现实

电影

我们的魔镜更神奇，还可以设计成换一个姿势，就更改一套服装。只要我们不停做出不同的姿势，就可以不断试穿各式各样的衣服。

图像合成技术在生活中也很常见。电影中的特效制作，直播中的虚拟背景，都用到了图像合成。就连平时我们拍照常用的美颜相机，也是用的这个技术，让我们可以为照片添加各种好看的装饰。

除此之外，图像合成还可以用在艺术创作、海报设计中，你还见过哪些图像合成的应用？

高能
公开课

03

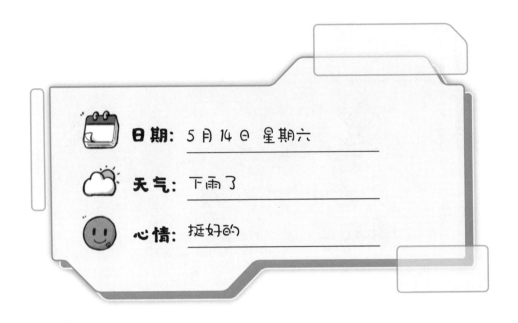

日期: 5月14日 星期六

天气: 下雨了

心情: 挺好的

"五一"劳动节假期回来，演出的日子越来越近了。我们每天都在紧锣密鼓地准备话剧《比格蒙的奇幻旅行》。

本来一切顺利，谁知上周二我们排练的时候，百里能提出了一个新想法，他觉得可以再找几个人演树，更丰富的布景能让演出的效果更好。可袁萌萌觉得不行，因为没有那么多演员，也没有那么多的时间再做新道具了！

两个人你一句，我一句，因为布景的事儿吵了起来，整整半个小时，愣是谁也没说服谁！

一向沉默的陈默赶紧来当和事佬："你们别吵了，其实百里能说的也有道理，多几棵树的效果确实比现在好！"

欧阳拓宇听了，有了新想法："要说加布景，那光多几棵树也不够，还有很多其他道具呢！不如，我们就用上礼堂的大屏幕！"

"然后把找好的照片放上去，代替不够的道具？那不就是幻灯片吗？多无聊！"欧阳拓宇的提议被李小刺儿无情地否决了。

我也认真地思考起来："要是背景能自己换就好了！"

要是背景能
自己换就好了！

"对啊！我们就让大屏幕自己换背景！"袁萌萌眼睛一亮，"只要我们台词说什么，屏幕上的背景就能变成什么！比如说，台词一说到森林，大屏幕就自动变出森林的场景来，再说狂风暴雨，大屏幕就会在森林的场景里展现出下雨和打雷的动态！"

马达马上说："对，用语音识别就可以做到！"

"说什么就有什么！哈哈，这个发明真不错。"欧阳拓宇赞叹道。

钱滚滚一听，立刻就来劲了："说什么就有什么？那我想要一盘鲜虾牛油果沙拉，屏幕上就出现一盘鲜虾牛油果沙拉吗？"

"你就知道吃！要是能一说就有，我把我所有的设计全都说出来。我一说，机器就把我的设计都画出来，再也不用一笔一笔地画了！"杠上花开心地说。

那有什么意思啊！这些人真是没想象力。要是我，就把作业都说出来，这样我就不用自己写作业了！想想都开心。

大家七嘴八舌地越说越激动，突然我意识到要是真能发明出来，那可是现代版的神笔马良了！太高能了吧！

我将想法说了出来，袁萌萌听完立刻拍板："我们就叫它——高能道具组！编程小

我们就叫它——高能道具组！

队，开始工作！"

上周五，我们的话剧正式演出。不是我说大话，我们的演出实在太精彩了！有了高能道具组的神助攻，那场面，简直跟看电影大片一样！

第一幕就是欧阳拓宇扮演的比格蒙和钱滚滚扮演的小怪兽一起太空旅行的场景。大屏幕上是浩瀚的宇宙，一艘椭圆形的飞船在太空中航行，再加上我们自己制作的舞台布景，整个演出大厅都好像成了飞船的一部分！

这时，钱滚滚说："不好！操控装置失灵了！"大屏幕上立刻切换成飞船内的场景，而且一直闪烁着红色警报灯！台下观众纷纷发出惊叹声。

后面就更不用说了！台词一说到奇妙小学，屏幕上立刻出现我们学校的样子，台下更是惊叫连连。

接着就是我出场了，我扮演的是大反派草地怪。我一说："护卫队，把他们给我抓起来！"大屏幕上唰一下出现了好几十个我的手下！这就是传说中的呼风唤雨啊！只见屏幕上的丛林中，闪过一道道亮光，简直就是刀光剑影，再加上炫目的魔法特效，我演的草地怪别提有多威风了！

整个表演简直完美，就连蔚蓝蔚蓝的老师都被我们的演出给吸引了，演出一结束，她立刻找到我们："今天大家的演出特别棒！大屏幕上变化的背景是怎么做的？"

"是我们编程小队的新发明——高能道具组！"袁萌萌给老师好好介绍了一番。听得蔚蓝蔚蓝的老师两眼放光："太棒了！这个发明借我用用吧！我正愁过两天的语文公开课没有新东西呢！你们这个高能道具组，正好合用！我已经有了绝妙的想法。"

蔚蓝蔚蓝的老师说完，就兴奋地走了。留下我们一脸疑惑地看着彼此。大家都猜不出来，这公开课如何用高能道具组呀？

这周二，公开课如约而至。蔚蓝蔚蓝的老师站在讲台上，说："老师们同学们，大家

老师们同学们，大家好

好，欢迎旁听三年二班今天的语文公开课，今天我要讲的课文是《刻舟求剑》。"

她话音刚落，电子屏幕上突然出现一幅动态山水画，还有水流和鸟叫声！这不就是高能道具组嘛！

整节课，老师说到什么，屏幕上就出现什么，真跟神笔马良一样，这真是我这辈子上的最有意思的语文课！一节课，我都认认真真听下来了。

原本这节课应该顺顺利利的结束，直到欧阳拓宇和钱滚滚开始说话。

钱滚滚说："在小舟上刻记号是为了寻求宝剑就叫刻舟求剑，古人还挺会简写的嘛！"

"这算什么，我也会！我在飞机上，智能手表掉下飞机，我刻个记号下次坐飞机的时候再去找，就叫刻机求表！"

欧阳拓宇刚说完，意外就发生了！电子屏幕上的山水画不见了，开始出现好多奇怪的东西，什么飞机啊，手表啊，蓝天啊，还有欧阳拓宇在飞机上刻记号的样子！

哈哈哈哈，太好玩了，让我也来试试。嗯……亡羊补牢，不对，

亡猪补牢！屏幕上果然出现了一群猪和一个破了洞的猪圈。全班同学都跟着笑了起来。

钱滚滚说了句"守株待虎"！屏幕上就真的出现了一只大老虎，一头撞在树上！欧阳拓宇又说了句"虎头狗尾"，屏幕上就真的出现了这个奇怪的动物。

只见电子屏幕上一个又一个的，全都是大家编出来的故事！我们说得不亦乐乎，这可把蔚蓝蔚蓝的老师给气坏了，她让我们赶快安静下来，不然就罚我们每个人用"沉默"造一百个句子！

我们一瞬间就安静了，可谁想到，电子屏幕上突然出现了陈默的样子，而且他还在玩儿命造句！

"哦！原来用陈默造句是这个意思啊。"大家笑得更起劲了。

反正，公开课就这么混乱地结束了！没想到教导主任夸这堂课讲得好，说蔚蓝蔚蓝的老师的教学方法很有新意！课堂氛围很不错！尤其是屏幕，能让大家发挥想象力。教导主任还提议把高能道具组放在学校的围墙上，展示大家的创意。

高能道具组变成电子围墙？那可太好了！以后岂不是我们想

让围墙变成什么样子都可以！哈哈，我再也不用刷围墙了！

昨天，围墙终于装好了。我们几个跑到新围墙前，把自己心里最想实现的事儿都说了出来！

钱滚滚最先说，他希望所有吃的都会飞！一到饭点儿就排着队飞进他嘴里去！然后每次下雨都变成下糖！欧阳拓宇希望能有个超大的房子，要什么就有什么，最重要的是，没人唠叨他，他想干什么就干什么！马达希望能飞到宇宙的各个角落，把他认识的星球全都去一遍！马达就是马达，愿望都那么高端！杠上花希望所有的人都穿她设计的衣服！陈默希望所有的课都改成漫画课，这样他就能天天看漫画了！

至于我，**我希望以后大家用的所有东西都是我发明的！大家都叫我发明家！**

我们七嘴八舌地说了半天，现在往围墙上一看：欧阳拓宇在大房子外面一边儿喝饮料一边儿看星空；星空上穿着宇航服的马达对着星星搞研究；在其中一颗星星上，杠上花站在上头领奖，陈默正穿着杠上花设计的衣服在教室里光明正大地看漫画；教室外面在下钱，钱滚滚拿着麻袋装了一大堆，还有各种吃的往嘴里飞；而所有人都在说同一句话——皮仔是个发明家！

没想到，我们说的话合起来居然是这样的！这是创作了个四不像啊！

这时候，门卫大爷看见我了，估计还以为我又乱写乱画了，于是气冲冲地走了过来。不过这回我可不怕他了！可没想到，门卫大爷看了看围墙，突然说："三年二班的皮仔！三年二班的皮仔！"

结果，围墙上一下子出现了一堆的我！整个围墙上都是我那大大的脸！那个，有一点点可怕是怎么回事？

超能发明大揭秘

为了演出效果，差点跟百里能吵起来，他的提议也太不靠谱了！不过算了，他也是为了节目好。好在，经过大家的头脑风暴，我们想出了一个完美的解决方案。敬请期待高能道具组的演出效果吧！

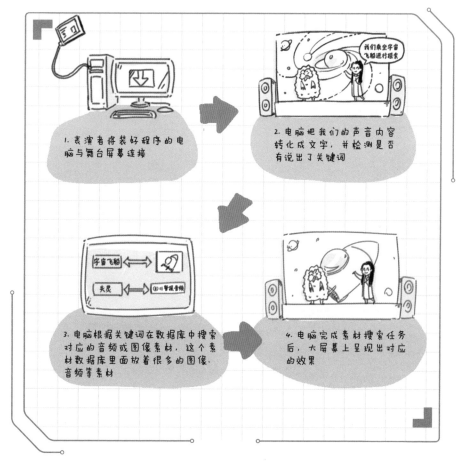

1. 表演者将装好程序的电脑与舞台屏幕连接

2. 电脑把我们的声音内容转化成文字，并检测是否有说出了关键词

3. 电脑根据关键词在数据库中搜索对应的音频或图像素材，这个素材数据库里面放着很多的图像、音频等素材

4. 电脑完成素材搜索任务后，大屏幕上呈现出对应的效果

演出前打开程序，只要我们在演出过程中说出关键词，舞台大屏幕上就会出现相关内容，音响会自动播放对应的环境音，营造出逼真的场景环境。

显示技术

幸好学校的大屏幕给力，这次我们做出的高能道具组发挥出了最棒的效果！

屏幕是我们生活中最常见的显示方式，从手机屏幕、平板屏幕，再到电脑屏幕，还有更大的电影屏幕，可以说屏幕是显示技术能实现的关键。但是，你知道吗？随着科学技术的发展，现在已经出现了许多不同的显示技术。

全息投影

全息投影也叫虚拟成像，是一种可以呈现物体真实的三维图像技术。全息投影不仅可以呈现立体的空中幻象，还可以使幻象与使用效果互动。

虚拟现实

虚拟现实技术（VR），可以让我们创建和体验虚拟世界，带给我们一种沉浸式体验，仿佛穿越到另外一个世界。

增强现实

增强现实技术（AR）能够把虚拟信息（物体、图片、视频、声音等）融合在现实环境中，为我们提供多感官的感受。

混合现实

混合现实技术（MR）具备环境学习能力，能够实现全息影像和真实环境的融合。我们能够感知画面变化、震动、语音等多方面的实时信息反馈，还能够通过触摸、手势、体感等多种形式与虚拟环境进行交互。

这些前沿的显示技术，可以把我们带入一个全新的虚拟世界。在那里，我们可以感受到现实世界中无法感受到的刺激，做到现实世界中无法做到的事情。比如驾驶飞船翱翔天空、探索宇宙；化身一条小鱼，探秘海底世界；看到人体内部的运转和组织。真期待能早点体验到这一切！

灵感
大抢救

04

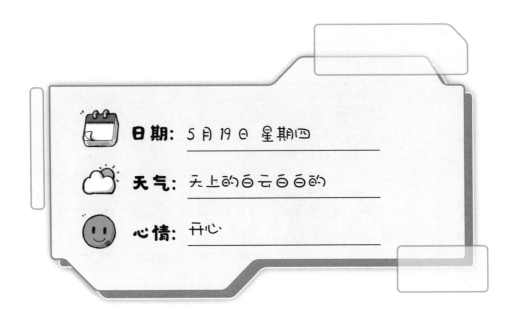

日期：5月19日 星期四

天气：天上的白云白白的

心情：开心

最近班里出现了一个传言——漫画店老板疯了！有人见到他天还没亮，就戴着墨镜在大街上跑步；还有人说，他抱着一棵树哭得死去活来。

本来我是不相信传言的，可上周放学路过漫画店时，我亲眼看见他头顶着一口黑黢黢的大铁锅，盘腿坐着，任凭周围的人怎么叫，都一动不动。太奇怪了，漫画店老板到底怎么了？

第二天早上，我刚到学校，就看见操场边上围了好多人，袁萌萌也在，正冲我挥手。我跑过去，发现大家围着一个奇怪的人，这人戴着墨镜、扎着马步，手里拿着一截树枝，脚边还放着一大桶矿泉水，树枝蘸上水，正在地上奋笔疾书。我定睛一瞧，一头泛着油光的长发都打绺了，不用想，肯定是漫画店老板。

我走上前，问老板在干什么，老板比了一个"嘘"的手势，然后头也没抬。

"少年、什么车、什么空、什么人。"袁萌萌吃力地念着，她正在辨认地上写的字。我顺着她的目光也看了过去，老板用水写在地上的字干得差不多

了，只能模模糊糊看出个轮廓。难怪读不出来。

"老板，你在写什么故事吗？"

老板不耐烦地说："都在地上，自己看。"

"这我们哪儿看得清啊？都蒸发了。"这回，老板算是反应过来了，他一把扯下墨镜，瞪大眼睛看着自己之前写字的地面，瞬间，他的眉

毛、眼睛、鼻子都拧在了一起 ，嘴巴张得老大，一句话也说不出来。过了几秒，他才哭丧着脸说："我的新漫画啊，就这么没了！我的天才漫画家之路又又又完蛋啦！"

新漫画？天才漫画家？哦，我想起来了！之前，老板跟我说过，他打算在《神龙传奇》之外，再创作一部新漫画，一举扭转词云上那些对他的吐槽。所以，他刚刚在地上写的，是新漫画？

欧阳拓宇说："字干了可以再写呀。"

老板摇摇头，继续说："你们不懂。我没白没黑地天天想，怎么也写不出新故事来。什么倒挂金钩、天人合一，各种招儿我都使了，一点儿用都没有。就在我要放弃的时候，这根树枝掉在了我头上。一拿起这树枝，我就有灵感了，一开始写，就停不下来。本以为

被树枝砸了有灵感？你怎么不说自己是牛顿呢。

这回有希望了，现在又全没了。"

"被树枝砸了有灵感？你怎么不说自己是牛顿呢。"真不愧是李小刺儿，这一句吐槽，让我们大家都忍不住笑成了一团。

原来，漫画店老板那些奇怪的行为，都是为了寻找创作灵感。在大家的笑声中，老板的神情更沮丧了。不行，作为词云双煞的一员，我得让他振作一点！

"你刚刚写的，一点都想不起来了？"

"完全没印象。"老板一副心灰意冷、放弃人生的样子。

"要不，你举办一个征稿大赛，征集大家创作的故事。一个人想不出来，这么多人帮你想，你不就能写出新故事了吗？"

我本以为这个主意特别棒，没想到老板拒绝了，他说去年他就办过一个征稿大赛，可收到的投稿到现在都没看完。还说这也不能怪他，好些人发来的根本不是电子文档，而是手写稿的照片。

只见老板拿出手机，给我们展示了几页投稿。好家伙，一张张写得密密麻麻的纸，上面的字那叫一个龙飞凤舞、千奇百怪，光想认出是什么字，就挺费劲的，更别说看故事了。

"这还是好的呢，我还收到了英文投稿、语音投稿。英文我看不懂，语音听不了几分钟我就犯困。所以啊，征稿不靠谱。"

这确实是个难题，要是能有机器帮我们读这些稿子就好了。我刚说出想法，袁萌萌就有主意了："我们可以发明一个灵感收集器！把这些字转换成可以编辑的电子文档。"

"好主意，"马达说，"我们还可以增加翻译功能，这样你就能看懂英文投稿了。"

"对，还可以增加语音识别功能，把语音投稿也转换成文字。"

马达和袁萌萌越说越兴奋，哈哈哈，我们编程小队又要开启新项目了！

过了几天，灵感收集器完成！没想到，它竟然这么好用！不只是漫画店老板，我们所有人都发现，它简直是神器。

上课时，我们再也不用手忙脚乱地抄黑板，拿出灵感收集器一转换，知识点就全在电脑里了。看书的时候，拿出灵感收集器，随时可以做读书摘抄。而我们所有人最爱干的，就是去漫画店，这回可不是看漫画，而是用灵感收集器，看漫画店老板收到的故事投稿。我、陈默和老板爱看武侠故事，马达和袁萌萌喜欢科幻故事，李小刺儿、杠上花，咳，她们就爱看少女故事。

皮仔，
你可来了。

可今天，我们刚走进漫画店，老板就冲我们喊道："皮仔，你可来了。这灵感收集器八成是坏了。你看，这些字，它一个都认不出来。"

我过去一看，老板的电脑屏幕上显示着几张非常古怪的照片，每张照片里都写了好多……乱码？要说是字，那这些字可太奇怪了，一个个好像在跳舞，我不认识它们，它们也不认识我。

我问老板这是什么？老板说这是他收到的一封神秘邮件，发件人说，这些照片会对他的新漫画创作有帮助。可上面的字他根本看不懂。老板想用灵感收集器试试，没想到，它也识别不出来。

我听完，点了点头，灵感收集器机无法破译神秘的来信。这个Bug 要怎么修补呢？

马达皱着眉说："我们得先认识这些字，才能教机器认识它们。"

我们大家凑到屏幕前，把照片不断放大，想看看上面到底写的是什么。

"第一张是草书。第二张是小篆。"一个熟悉的声音突然从背后传来，吓了我一跳。回头一看，原来是百里能。他怎么会在这儿？

"真草隶篆，这是用书法写成的汉字。"

"哦？所以，你知道上面写的是什么？"我问道。

"嗯……我也不认识。不过我爸喜欢写毛笔字，所以我认得这些字体，肯定没错。"

袁萌萌眼前一亮，说："有办法了！我们不认识书法字，但可以让机器认识！"

真是个好提议，我们只需要增加识别书法字体的功能就可以了。于是马达来修改程序，欧阳拓宇负责来找字体库。

在百里能的启发下，灵感收集器 2.0 版开始制作！马达的编程速度可真不是吹的，没一会儿就完成了**迭代**。连老板都惊呼："这么快？"

"还没完呢！现在，进入测试环节。"李小刺儿把机器对准屏幕

上的照片，万万没想到，灵感收集器转化出的文字是——精肥参半之肉，炒米粉黄色，拌面酱蒸之，熟时不但肉美……

这是什么东西？菜谱？难道主角是厨神，凭借一手厨艺纵横江湖！一招火云神掌，打遍天下无敌手？

我把自己的猜想说了出来，马达却说："也可以是，主角做的美食，吸引来了外星人，星球美食大战一触即发！"

"两个星球把空间站都变成了美食工厂，用做出来的食物当武器！宫保鸡丁炮弹、清蒸鲈鱼飞船……"袁萌萌笑着说。

这下，大家都听饿了。突然，老板一拍桌子，激动地大喊："我想到了！灵感收集器就是武器！就是江湖中人人都想得到的绝世神器，它可以破译武功秘籍，只要拥有它，再也没有看不懂的修炼大法。它还可以破解古墓密码……"

"我懂了！那我的**打招呼识别眼镜**，就是独门暗器！"袁萌萌说，"只要戴上打招呼识别眼镜，走在人群中，谁是大侠，谁是坏人，一目了然。再也不怕上当受骗了。"

"真不错。还有吗？"老板问。

"**捣蛋男生反弹机**！哦不，应该叫恶人反弹机。"我说，"孤

捣蛋男生反弹机！

身一人遇到袭击时，它可以发出别人的声音，帮你声东击西、调虎离山。"

老板听完，十分高兴，他觉得这些都太有趣了，于是开心地说："我的新漫画一定会大受欢迎！太好了，我的词云终于可以洗心革面，不，是脱胎换骨啦！"

对了，我的词云怎么样了？有没有成为大家眼中的发明家？让我来看一看。我打开词云，最大的关键词——什么？还是捣蛋！

这时候，老板拍拍我的肩膀，说："皮仔，你看这儿！"只见那词云边缘有一行特别特别小的字儿——爱发明！

"皮仔，不要心急，来日方长。这样，为了感谢你为我出谋划策，新漫画就叫《极客奇侠传》，主角就叫皮……皮阿……阿嚏！"老板猝不及防地打了一个大大的喷嚏。

"皮……阿球？"袁萌萌顺着老板的话说。

"嗯，嗯，就叫皮阿球吧。"

啊？不叫皮仔啊！这名字，起得也太随便了吧！

漫画店老板也太惨了，好不容易有了创作灵感，还被他给弄丢了。作为词云双煞的一员，我必须得帮帮他！这次，我们编程小队齐心协力，发明了灵感收集器，方便他随时随地、用任何方式记录灵感！

1. 使用者打开装好程序的平板电脑

2. 平板电脑通过摄像头拍下写在地上的文字

3. 平板电脑通过 OCR 文字识别技术把文字变成可编辑的文字并记录在灵感素材库

4. 使用者写故事时打开灵感素材库，灵感来袭！

不管在什么地方，也不管你在干什么，只要灵感来了，就可以打开灵感收集器程序，用说的也行、把灵感写下来也行，程序都会自动记录，并转换成文字储存起来。再也不用担心灵感会溜走了。

灵感收集器最厉害的地方就是，不管什么样的文字，它都能识别、转换、存储。手写字可以、书法字也可以，书本上的字可以、图片上的字也可以。这都多亏了 OCR 文字识别技术。

这项技术通过识别，可以将图像中的文字转换成可编辑的文本格式，方便我们进一步编辑加工。OCR 文字识别在我们生活中的应用非常广泛，你一定体验过它给我们带来的便利。

拍照翻译

看见读不懂的外文，我们不用打字查询，通过摄像头拍照，就能自动识别并翻译。

扫描文稿

通过 OCR 文字识别技术，我们通过扫描，就可以把书上的文字转换成可编辑、可修改的电子文档。

车牌识别

通过这项技术，智能停车场可以自动识别汽车车牌号码，实现无人看守、自动收费。

除此之外，OCR 文字识别在生活中还有很多应用，你还发现哪些地方用到了这项技术吗？

我是
发明家

05

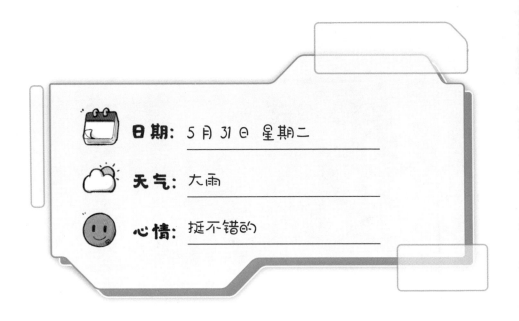

日期： 5月31日 星期二

天气： 大雨

心情： 挺不错的

上周一，我的人生迎来了巨大的挑战！为此，我，天才皮仔，执行了编程小队成立以来的第一个个人任务！这个任务关系到我后半辈子的幸福！只许成功，不许失败！你问我是什么任务？这还得从学校取消月考说起！

那天升旗仪式后，教导主任说，为了考查大家的综合素质，学校决定将下周的月考改成乐考，具体的考试内容已经贴在了校园公告栏上。

乐考，那是什么？我可从来没听说过。当时，欧阳拓宇猜测，乐考就是快乐考试！不用考卷子，让大家做游戏、闯关什么的。谁闯的关最多，谁的分数就最高！

玩玩游戏就把试考了？有这么好的事？大家听了都激动坏了！可当我们站在校园公告栏前时，一个个都傻眼了。只见上面写着：

语文：背诵闯关，考查一到三年级所有古诗。
英语：单词闯关，听写一到三年级所有学过的单词。

天啊！这怎么可能背得完？

一向沉默的陈默第一个唉声叹气起来："怎么办？我要是没考好，漫画会被我妈没收的。"经陈默一提醒，大家都愁眉苦脸的。考试考不好，后果很严重。

陈默沮丧地说："要是能像漫画里那样有超能力，可以过目不忘就好了！"

超能力？说到超能力，我突然想起袁萌萌，她转学刚来的时候，能叫出全班同学的名字，就像有超能力一样！当时是打招呼识别眼镜

的功劳！想到这儿，我灵机一动："我们可以发明一个脱稿眼镜。在乐考的时候，只要戴着眼镜，就可以把闯关要求的内容都背诵出来！"

本以为我这个无敌的想法可以得到大家的支持，可没想到话一出口，袁萌萌竟然用鄙视的眼神看着我："不行！这不就是作弊吗？我不需要！"

欧阳拓宇也摇摇头："我也不用，有没有眼镜我都能背出来。"

"我看你还是好好复习吧！"马达拍了拍我的肩膀，说完，跟欧阳拓宇和袁萌萌一起走了。

哎，他们几个都是复习复习就能考好的，可我不行呀！我转头看向成绩比我好一点点的杠上花和钱滚滚，他们应该十分需要脱稿眼镜吧？没想到杠上花说："不行！我虽然记不准，但是也不能作弊呀！"

"就是，考试考零分是能力问题，作弊是人品问题，人品不好可没法赚钱，还是算了。"钱滚滚一摊手，和杠上花两个也走了。

这回，我看向我的好朋友陈默，他应该不想让漫画被收走吧？

"嗯……那个，我觉得他们说得没错。为了漫画，我先去复习了。"

连陈默也走了，就剩我和李小刺儿了。但她是教导主任的女儿呀，会不会告状？

"你可别告诉你爸啊！"

李小刺儿哼了一声，也走了。

好吧，只剩我一个人了。可他们都不认可我，我就是错的吗？为了我后半辈子的幸福，我必须把脱稿眼镜做出来，到时候他们可别求着让我给他们用！

经过一夜的努力，当当当当——脱稿眼镜华丽诞生！嘿嘿，昨天他们还义正词严呢，现在都被我的眼镜吸引了过来，大家争先恐后地试用。

这时，上课铃响了，大家回到座位上。不过，我的脱稿眼镜呢？我回头寻找，发现眼镜落到了杠上花手里。杠上花好奇地把脱稿眼镜看了又看，戴上又摘下。她的小动作引起了蔚蓝蔚蓝的老师的注意。

"杠上花，你背一下昨天的背诵作业。"

"《花钟》……凌晨四点……那个……"

我以为现在能展示下脱稿眼镜的威力了！没想到杠上花却磕磕巴巴地说不出来。不应该呀，这眼镜是我用打招呼识别眼镜改装的，难道杠上花没有关闭打招呼识别眼镜的程序？只见杠上花把眼睛摘下来拿在手上，眯起眼睛，盯着镜片说："紫色的小喇叭，外号兔兔侠。"

坏了！我忘记把袁萌萌做的打招呼识别程序关掉了！

老师的外号在大庭广众下被叫了出来，她瞬间涨红了脸。只见她走下讲台，一把夺过眼镜，盯着镜片看了足足十秒钟。

"好呀，敢在我的课上作弊！没收！"

就这样，我辛辛苦苦发明出来的脱稿眼镜，居然被没收了！都怪杠上花，那么不小心！没了脱稿眼镜，乐考可怎么办？真是愁死我了！

百里能安慰我，说其实背诵也没那么难，只要按照科学的方法，还是可以记住的。他说他现在用的就是什么艾宾浩斯记忆法，每天只要花一点时间对知识点打卡复习，就能很快记住了。马达说他也用的这个方法，确实效果好。

听了百里能和马达的话，我们几个都像打了鸡血似的。马达又补充道："这个方法贵在坚持，一定要及时打卡。"

打卡有什么难，我可以发明一个**打卡机**！让它每天监督我们打卡！

百里能却摇摇头："我看还是算了吧，不是什么都能靠机器解决，背诵主要靠自律，有没有打卡机，没什么区别。"

他这么说我可就不高兴了，难道我们就不自律了？发明打卡机就是让我们自律的！

这回，袁萌萌也站我这边，陈默、杠上花、钱滚滚、李小刺儿、马达还有欧阳拓宇都站我这边。百里能看我们这么团结，摇摇头，无奈地走了。

"我们定一个乐考目标吧，这样才有动力！"袁萌萌提议。

有了这么厉害的记忆法和神器，我突然有信心了，我觉得我可以背完所有乐考要考的古诗和单词了！

第二天放学的时候，我们终于把打卡机发明了出来。晚上，我刚吃完晚饭还不到十分钟，打卡机就提醒我打卡。这机器还挺管用！让我想想，今天打卡些什么？先从简单的来吧！要不就古诗三首吧！我设定了一下，开始背诵。"床前明月光，疑是地上霜。举头、举头……算了，休息一下再背吧！"

我打开电视，准备看一会儿，结果打卡机不停地发出提示音："请进行第一次背诵打卡！"

"等会儿背！"

"请进行第一次背诵打卡！"

就这样，在我休息的时候，打卡机不断地提醒我打卡，它就像我老妈在我耳边一样，唠叨个没完。我忍无可忍，要不先背上三首诗？不过，怎么可能背得完嘛！半首还差不多。

"正在检测你的背诵完成度……距离你的背诵目标还差100%，请进行第一次背诵打卡。"

我的背诵目标？哦，对了，我说过自己可以背完所乐考要考的古诗和单词！这、这打卡机简直在拷问我的灵魂！既然定下了目标，那就必须完成，不能半途而废！哼，不就三首诗嘛，有什么能难倒我皮仔的？

不过……算了，还是明天再背吧。我默默地关掉了打卡机。

周四早上，我心虚地来到学校，不知道大家都背得怎么样了？可令人意想不到的是，除了我和袁萌萌，其他人居然都打卡了！马达、欧阳拓宇能打卡很正常，但杠上花居然也打卡了！

袁萌萌说："这机器真啰唆，没打卡就一直提醒我，简直在拷问我的灵魂！我看，干脆叫它灵魂拷问机好了！搞得我都神经衰弱了，一篇完整的文章都没打卡下来。"

"灵魂拷问机！这名字可太合适了！嘿嘿，教你一个保护灵魂的方法！把它关了就行啦！”李小刺儿说，“不过皮仔，你这算什么方法，我直接照着书把打卡的内容念了一遍，也通过了。”

杠上花、陈默和钱滚滚纷纷点头说：“我们也是。”

“所以，你们根本没打卡啊？”我吃惊极了。

“皮仔，我看你这个发明一点儿用也没有，简直是唠叨机！”杠上花不满地说。

我想了想，这机器是有点唠叨，也没有想象中那么好用。怎么会这样呢？

袁萌萌说：“我觉得是因为没有明确规定每次的打卡内容，才会让我们无所适从。另外，我们还应该升级防作弊系统，也不能让它被关掉！这样我们才能完成我们的背诵目标！”

大家都同意改进发明。编程小队合力改进了 2.0 版本！这次肯定没问题了！但是……好像还是有点问题。这回不但关不了，而且难度更大了！竟然让我们一晚上打卡十首古诗！我想拿着书打卡，但它居然能检测出我拿着书！最厉害的是，它还能人脸识别！如果不是本人打卡，也不行。昨天晚上，可怜的李小刺儿背到半夜 3 点才睡觉！

怎么办呢？大家又聚在一起头脑风暴了一下。很快，灵魂拷问机

3.0版本新鲜出炉！这回可以一边学习一边积分，10积分还可以在自己的学习园里种一棵树呢。

就在大家反复改进、迭代发明的过程中，每个人的背诵能力都有了提高，连**产品思维和逻辑能力**都强了不少！编程小队的合作当然也更加默契啦！在我们充足的准备中，乐考终于到啦！大家信心满满奔赴战场。

可是，令我们大为惊讶的是，这次考试根本不考背诵。昨天早上，蔚蓝蔚蓝的老师站在讲台上说："乐考的考试范围的确很广，但主旨不在死记硬背，而是考验大家的反应能力、变通能力、抗挫折能力。"

考试内容跟我们想的完全不一样！今天早上出成绩了，虽然我的成绩不太好！不过，在灵魂拷问机的帮助下，编程小队每个人都变成了背诵达人，大家都来向我们请教背诵方法。

灵魂拷问机就这样传开了，编程小队着实火了一把，我的名气也变得更大了，

不知道词云里的关键词有没有改变呢？

哇！我发现我的词云上，那小小、小小的"爱发明"三个字又变大了一点点。只要我不断努力、不断坚持，这三个小字总有一天会转化成大大、大大的"发明家"！

皮仔这回想做个发明，帮大家提高背诵效率，通过乐考。想法很不错，可惜产品设计不够完善，使用过程中出现了不少漏洞。让我来迭代一版灵魂拷问机，优化用户体验！来看看我们的发明过程吧。

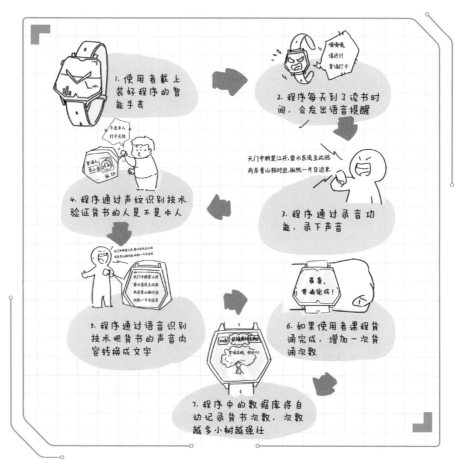

1. 使用者戴上装好程序的智能手表

2. 程序每天到了读书时间，会发出语音提醒

3. 程序通过录音功能，录下声音

4. 程序通过声纹识别技术验证背书的人是不是本人

5. 程序通过语音识别技术把背书的声音内容转换成文字

6. 如果使用者课程背诵完成，增加一次背诵次数

7. 程序中的数据库将自动记录背书次数，次数越多小树越强壮

打开程序，输入背诵目标，程序就会按照目标自动设置背诵任务，并提醒你按时打卡。只要按照程序完成每日任务，不管多难的课文，你都可以轻松搞定！

在灵魂拷问机中，防止背诵作弊很重要的一点，就是让程序识别出正在背诵课文的是本人。而想实现这一点，我们用到了声纹识别。

你知道吗？我们说话时发出的声波，跟指纹一样，是一种可以反映当前人身份的生物特征，参考"指纹"的命名方式，我们给它起名"声纹"。根据声纹识别身份的技术，就是声纹识别。

声纹识别是一个可靠又聪明的安全管家，可以广泛应用在生活中。

线上支付

线上支付时，如果我们的账号和密码泄漏了，就很容易被盗走钱财。可以通过声纹核验，确定是不是本人正在支付，保障财产安全。

门禁系统

使用声纹识别作为门禁系统的开锁方式，可以快速通过声音验证身份。还可以与人脸识别、指纹识别等技术结合，给我们带来多重保障。

随着科技的发展，声纹识别肯定还能用于生活的更多方面。你知道声纹识别还可以用在哪里吗？

捣蛋鬼也想当升旗手

06

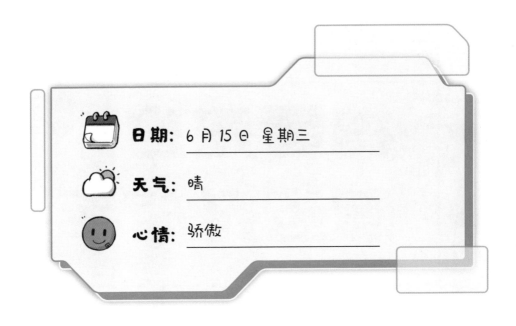

日期：6 月 15 日 星期三

天气：晴

心情：骄傲

你当过升旗手吗？**在全校同学面前升国旗，那得多威风啊！**连转校来的袁萌萌都当过升旗手了，可我连国旗的角都还没摸过。

不过这次可不一样，教导主任跟我说，我最近表现不错，进步很大，只要继续保持，不调皮捣蛋，下个升旗手就是我啦。

哇！我的优秀终于被发现了，教导主任还是蛮有眼光的嘛。所以，我上周表现得可好了，帮老师发作业，帮同学值日。

终于等到周五，教导主任要宣布下个升旗手是谁了。我当时别提多开心了，就等着他宣布是我的时候，大声欢呼一下。可没想到，他宣布的升旗手竟然是——五年一班的黄悦和三年一班的司健！

怎么会这样！明明都说好了的，教导主任怎么说话不算话呢！害得我被班里的同学嘲笑，说什么"捣蛋鬼也想当升旗手"？捣蛋鬼怎么了，就不能想当升旗手了？再说，我现在也不是捣蛋鬼了！

"哼，教导主任，骗人！"

没想到，我才抱怨一句，坐在前面的李小刺儿就不乐意了。可我也没说错呀，她爸爸就是骗人了！

我和李小刺儿吵了起来，袁萌萌在一旁劝架："皮仔，你倒是先说说，教导主任怎么骗你了？"

说就说！我将前因后果，仔仔细细地讲了一遍。李小刺儿说："难怪你这几天抢着干活儿，原来是为了当升旗手，不知道的还以为你吃错药了呢。"

李小刺儿的话可真气人，就在我开动脑筋，正想着用什么话回怼李小刺儿

哼，教导主任，骗人！

的时候，陈默慢悠悠地说："其实，教导主任也说过，下周让我当升旗手。"

啊？怎么会这样！更让我没想到的是，听到陈默的话，就连一向不凑热闹的班长百里能也加入了讨论："上学期，教导主任答应把'优秀班集体'的称号给我们，最后也没给。"

"还有流动红旗，"杠上花马上说，"他之前答应我这个月的流动红旗给咱们班！"

就连袁萌萌都说："听你们这么一说，我想起来了。教导主任说要奖励给咱们编程小队一个编程实验室呢！"

袁萌萌可真沉得住气，发明实验室这么酷的事儿，她竟然现在才说。不过，估计跟升旗手一样，泡汤了。啧啧，我们的教导主任，嗯……

"你们懂什么！"李小刺儿一声怒吼，把大伙都震住了，"他、他就是记性不太好。每年我生日，他都不记得。"

"你生日他都不记得？"我不理解，"可为什么去年他罚我扫操场，我偷懒没去，他能念叨我整整一学期！"

"你不知道，他怕忘事，平时都会带个小本子，把要做的事写成清单。但每天他事情太多了，总不能每件都写上。"

照李小刺儿的说法，教导主任真不是故意耍我的？好吧，那我也不跟他这个老爱忘事儿的人一般见识。

欧阳拓宇突然说："李小刺儿，你就没想过给你爸发明一个什么任务清单吗？

欧阳拓宇这句话提醒了我。对呀！我们可以给教导主任做一个**电子任务提醒机呀**！

大家听我这么一说，纷纷点头表示有兴趣。只有百里能和李小刺儿没什么反应。

"这个发明没戏，我做过。"百里能一脸淡定地说。

"是啊。百里能做过一个，我也测试过，挺好用的。就是，我爸……经常忘记用。"李小刺儿一摊手。

忘记用？这也行！也就是说，这个东西最好能做到实时记录承诺过的事情，还能提醒教导主任经常查看。用什么来做呢？我知道了！

我们可以用智能眼镜做个——欠账记录器。

"你是说只要教导主任戴上眼镜，就能看到他承诺过但没做到的事？"百里能捋了一下头发说。

"没错！而且我们还可以用人脸识别技术，让他看到不同的人，眼镜上就会弹出对应的事情。"

李小刺儿一听来了精神："嗯，这个发明……听起来有戏！"

"也就是说，以后教导主任一看见我，就会弹出提醒——欠三年二班一个'优秀班集体'的称号。"百里能也满意地点点头。

　　"没错！以后我天天去找教导主任，每天都提醒他'欠皮仔一次升旗手。'"

自从用上了欠账记录器，教导主任的反应跟我们的预期完全不一样！但凡见了人，他腰也挺不直了，说话声也小了。平时总能见到他四处转悠，这几天远远看到我们，转身就走。这下可好，别说兑现我和陈默的升旗手了，编程小队的实验室、我们的优秀班集体更是一点儿信儿都没有。教导主任不会想赖账吧？我正郁闷呢，教导主任居然来了。

"那个袁萌萌，之前答应要给编程小队的编程实验室，已经安排好了，在编程教室旁边。放学后，去传达室拿钥匙。"

"真的？谢谢老师！"

"对了，眼镜还给你们。你们这个发明……挺好的，让我意识到自己的问题。希望你们有了编程实验室，可以做出更多有意义的发明。"

哎？教导主任不用欠账记录器了？可我的升旗手他还没兑现呢。

"李主任！您答应让我当升旗手呢。"

"还有我的。"

"哦，皮仔、陈默，对对，让我看看。"教导主任说完，从衣兜里掏出一个小本本，一页一页飞速地翻看，"有了。皮仔、陈默，你们的升旗手排在第 71 和第 72 个。"

什么？那得到什么时候啊？一周两名升旗手，我算算……得 9 个月之后，我都上四年级了！

教导主任也看出了我的不满意，他忙说："这个……我戴上欠账记录器后才发现，我许诺了太多升旗手了。你看，下周是欧阳拓宇和可乐，再下周……放心，按顺序排。我都写下来了，不会搞错的。"

九个月呢，我倒希望是教导主任搞错了。现在只能等了。不过，我们有编程实验室了，这可太酷啦！不光是我，编程小队的所有人都兴奋极了，就连平时一脸冷酷的马达，都忍不住哼起了小曲。

好不容易等到放学，下课铃一响，我们背上书包，集体冲向校门口的传达室。却看到传达室大爷在房间里团团转，他的钥匙找不到了，怎么这么倒霉呀？找不到钥匙，我们咋去实验室呢！

"哦，我想起来了。那串钥匙被借走了。就是你们三年级的女老师，那个胖胖的女老师借走的。"

"包老师？"

"对对，包老师。"

听了这话，我们赶紧跑到办公室去找包老师。可包老师一脸蒙，说她根本没借过什么钥匙！

"啊？可传达室的大爷说，是三年级一个胖胖的女老师借走的。"话刚说出口，看到包老师的反应，我就后悔了。包老师圆圆的脸涨得通红，眉毛都竖起来了，火山下一秒就要爆发。

"皮仔，你们要找的是不是这串钥匙。"蔚蓝蔚蓝的老师从抽屉里拿出一串钥匙递给我和袁萌萌，总算是把我们从包老师的怒火中解救出来了。

袁萌萌接过钥匙，找了一会儿，高兴地说："在这儿，找到了！"

出了办公室，所有人都松了口气！李小刺儿抱怨道："传达室大爷真是个糊涂虫。连钥匙借给谁了都说不清。"

"说不定，他根本就分不清谁是包老师，谁是蔚蓝蔚蓝的老师。"我说。

"欠账记录器没准儿适合他。"

对呀，袁萌萌这个主意不错。这样传达室大爷看到人脸，就会自动生成借用记录。

"除了公共用品，同学间借了东西或者欠了包辣条之类的，也可以记录下来。"欧阳拓宇提议道。

哈哈，这个功能可以有！我的欠账记录器 2.0 版开始研发！

自从我发明出了欠账记录器 2.0 版，校园里可热闹了。传达室大爷的声音天天在操场上回荡。

三年级一班司健，赶紧组织大扫除，你们班的窗户都要长蜘蛛了

哎，你，就是你，别跑，本周第三次迟到！

跟传达室大爷一样忙碌的还有欧阳拓宇。有了欠账记录器，他每天都要跟大家打赌。什么老师哪只脚先进教室啊，新出的漫画定价多少钱啊之类的。本来我一直想不通，他为什么这么爱打赌，直到今天

我看了一下欠账记录器才明白。

这都是什么呀！李小慈欠欧阳拓宇1包薯片，陈默欠欧阳拓宇1本漫画，钱滚滚欠欧阳拓宇1张奥特曼贴纸。哈哈哈，欧阳拓宇这家伙可真行，赢了这么多东西。等等！杠上花欠欧阳拓宇30包辣条！

"杠上花，你是怎么做到的，居然输了30包辣条？"

杠上花一听，说："哼，不止呢，我已经给了他1块橡皮、1把尺子、1包干脆面了。"

"哎呀，不要生气。"欧阳拓宇走过来说，"打赌当然有输有赢，虽然我还从来没输过，不过说不定，下次赢的就是你呀。"

"我才不会上你的当。我再也不跟你打赌了！也不想跟你讲话！"说完，任凭欧阳拓宇再怎么说，杠上花就是不发一言。

欧阳拓宇转头看向我："皮仔，咱俩打个赌，就赌下节课蔚蓝蔚蓝的老师一定会发火拍桌子怎么样？我赌一个炸鸡腿！"

这也能赌？可真有他的。不过，这事儿有点奇怪呀，蔚蓝蔚蓝的老师一向脾气还不错。明明赌不会发火胜算更大，欧阳拓宇这是吃错药了吗？管他呢，我已经闻到炸鸡腿的香味了。

"成交！我赌老师不会发火。"

本以为我赢定了，可刚上课，欧阳拓宇就故意在起立问好的时候慢半拍儿，逗得大家哈哈大笑。还好老师没发火。

然而我提起的心刚放下，背后突然传来奇怪的声音。我回头一看，欧阳拓宇居然在嗑瓜子！见我转身，他还抓了一把，示意我也吃几颗。我算是明白了，他这是处心积虑要惹蔚蓝蔚蓝的老师发火，我才不会让他得逞呢！

趁老师写板书的空当，我猛一转身，一把抓起欧阳拓宇桌上的整包瓜子，塞进自己的抽屉里。

"还我！"

欧阳拓宇的动静太大，老师转身问怎么回事。我赶紧说："对，对不起老师，有只虫子飞进我鼻孔里了——阿嚏。""好了。认真上课。袁萌萌你来朗读下今天的课文。"

成交！我赌老师不会发火。

嘿嘿，没了作案工具，这下你可老实了吧。没想到，袁萌萌正朗读课文，一只手从椅背下方伸了过来。是欧阳拓宇，他手里拿着一瓶修改液，直戳戳地摆在袁萌萌的座位上，等袁萌萌坐下的时候……我都不敢想，这不是害人嘛！我把修改液一把抢到手里。

欧阳拓宇冲我的后背狠狠地推了一把。这要是平时，我早还手了。但今天，为了鸡腿，啊不，为了不让蔚蓝蔚蓝的老师发火，我忍、我再忍！

就在这时，杠上花突然尖叫一声，把所有人都吓了一跳。

老师！我的语文书里……有条毛毛虫。

"杠上花，怎么回事？"

"老师！我的语文书里……有条毛毛虫。"

听了这话，全班同学都伸长了脖子往杠上花的桌子上看。不用说，这一定又是欧阳拓宇的杰作，只见他故作惊讶地说：

"哎呀，语文书里怎么会有毛毛虫呢。"

"欧阳拓宇！是你！"杠上花气鼓鼓地说。

"欧阳拓宇！"

眼看蔚蓝蔚蓝的老师要发作了，我赶紧解围，把毛毛虫从杠上花的书上拿走，扔到了地上，说："不怕，毛毛虫是蝴蝶的幼虫，说不准，他是想送你一只蝴蝶，就是送得，那个早了一点儿？上课了，上课了。"

欧阳拓宇一扭头，说："哼，皮仔，你今天可真爱学习呀。"

"欧阳拓宇！站起来！"教导主任不知道什么时候，站在了我们班的后门口。

"李主任，我没做什么呀。"

"你知道我在门口看了你多长时间吗？嗑瓜子、捉弄同学，还动不动就玩那个欠账记录器！就你这样的表现，下周还想当升旗手？下课来我办公室！"

"啊？"

"我宣布，下周欧阳拓宇的升旗手改由皮仔同学担任。他上课认真，还帮老师维护课堂纪律。"

哇！这，万万没想到我的升旗手愿望实现得这么快！除了炸鸡腿，我，皮仔，终于要当升旗手啦！太开心啦。

　　为了让我和陈默都能成为升旗手，也为了我们班的流动红旗，还为了编程小队能有一间专属实验室。我，未来的发明家皮仔，要发明一副欠账记录眼镜！来看看我的超能发明如何实现吧。

1. 发明者让教导主任戴上装好程序的智能眼镜

2. 程序通过智能眼镜的摄像头获取遇到同学的人脸照片

3. 程序将人脸照片与数据库的照片比对，这个数据库里存放了同学的人脸照片和对应的承诺

4. 如果有遗忘的承诺，眼镜会及时提醒

　　打开程序，让教导主任戴上眼镜。智能眼镜扫描到人脸，镜片上会显示和人脸对应的未完成承诺，当承诺兑现后，事项就会从智能眼镜上消失。有了它，再也不担心教导主任会"欠账"啦！

数据分析

我们的欠账记录器，不仅可以提醒教导主任忘记了什么，甚至可以通过数据分析，来帮助教导主任发现他总是忘记的事情，从而做出改进。

数据分析是一种把收集来的数据经过分析、总结得出结论的过程。它可以帮助我们在看起来杂乱无章的数据中找到隐含的信息。

生活中许多商业行为都离不开数据分析。

电影行业

导演、制片人会用数据分析，来了解大众喜欢看的电影类型，从而制作出更多人喜欢看的电影。

零售行业

数据分析可以帮助超市、商场选出最受顾客欢迎的商品，帮助商家做出判断。

餐饮行业

数据分析可以让我们知道，哪家餐厅最受客人的欢迎，餐厅里最有特色的食物和饮品是什么。

数据分析还可以帮助人类治理污染、帮助城市进行道路设计和交通管理。可以说数据分析正在影响我们的生活。

奇妙小学
奇妙夜

07

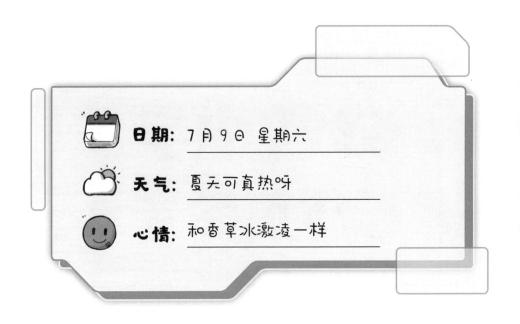

日期：7月9日 星期六

天气：夏天可真热呀

心情：和香草冰激凌一样

　　一转眼，就到学期末了，这个学期过得可真快呀。虽然期末有烦人的考试，但我们学校举办的奇妙夜可太精彩啦！我能记一辈子！这事还得从那天说起。

　　那天，蔚蓝蔚蓝的老师说，期末考试后，学校将举办一场奇妙夜晚会，每个班都要出节目。大家一听，可高兴坏了，七嘴八舌地讨论起来。

　　钱滚滚说："既然叫奇妙夜，那节目肯定得奇妙啊！"

袁萌萌提议道:

"要说奇妙,就数咱们编

程小队最奇妙了,不如我们一起出个节目吧?"

要不说还得是袁萌萌,用编程做个节目可

太有创意了,就连百里能都表示这个想法好,

不过他却特意补了一句:"我觉得用编程演

节目有意思,可不是想加入你们小队!"

真是个别扭的家伙!

蔚蓝蔚蓝的老师也同意我们的想法,大家决定当天放学前开个讨

论会。

讨论会上,第一个发言的是欧阳拓宇,他觉得应该用**气氛制造

机**来一场脱口秀!杠上花可不同意,她想演一场时装秀,说:"就

用试衣魔镜呀,像当时蔚蓝蔚蓝的老师在动漫展上一样,肯定好看!"

李小刺儿第一个支持杠上花的提议,果然她们女孩子都喜欢时装

秀什么的。她还问陈默要不要一起参与。这要是在以前,李小刺儿一

说话,陈默肯定立刻响应呀!可今天,他却支支吾吾起来:"嗯……

其实我想演一次比格蒙。"

"可咱们都演过比格蒙了！"

一向沉默的陈默又又又沉默了。钱滚滚迫不及待地说："哎呀，陈默和我一样，上次会演都没演上主角，太遗憾了！这次我们想演主角！"

"啊？你俩都演比格蒙？那不乱套了？"欧阳拓宇连连摇头。

这时，李小刺儿提议大家集体跳舞。这是什么馊主意，我们几个男生谁会跳舞呀！

"我觉得我们可以弄一场交响乐演出。"班长百里能突然说。

"交响乐？别开玩笑了！就我们几个，啥乐器都不会，怎么弄交响乐？"欧阳拓宇一边摇头一边说。

"你们听说过**体感控制**吗？我可以发明一个体感控制机，做一场交响乐演出。只要一挥手，就能控制乐器演奏，这才是用编程演节目，比刚刚你们说的那些都酷炫！"

你还别说，百里能这个想法有点儿意思！不过，我嘴上可不能承认。于是，我高声说："交响乐多没劲啊！"

"就是！我一听交响乐，不对，我们全家一听交响乐就能睡着！"钱滚滚赶紧说。

"你们！你们不懂欣赏，我不跟你们一起了，我要做我自己的节目！"说完，百里能直接离开教室。我们大家面面相觑。

最后我们决定他弄他的，我们弄我们的！我才不信他一个人就能搞定呢！

这时，袁萌萌开口说话了："百里能说的那种一点儿意思都没有，我家里到处都有体感控制呀！有什么稀奇的。"

"你家里？"这回轮到我们几个吃惊了。只听袁萌萌继续说："对啊！我们家好多东西都是这样的，只要我挥挥手，就要什么有什么！你们家不是这样吗？"

"当然不是！要不，你带我们去你家看看呗？"欧阳拓宇说。

"好呀，那还等什么呢？走吧！"

袁萌萌真没骗我们，她家果然不同凡响，可太有意思了！我们刚一进门，不知道从哪儿蹿出来两个东西，跑到袁萌萌脚下。我低头一看，居然是——一双拖鞋！

李小刺儿吓了一跳："萌萌，你家……这拖鞋怎么会跑呢？"

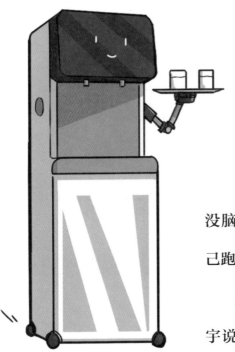

袁萌萌一听，笑了笑说："这是我家的智能拖鞋！只要一检测到有人回家，它们就会自动跑到我脚底下！"

"帮我倒几杯水！"袁萌萌突然没头没脑地说。可没过一会儿，饮水机居然自己跑了过来，托盘上还真放着几杯水！

大家的新鲜劲儿一下就来了。欧阳拓宇说："这东西好，要是以后想喝水又懒得走就说一声，这快赶上服务员了！"

说完，袁萌萌也不知道做了个什么手势，她家的灯就都开了！她又一挥手，窗帘也都打开了！

"这些都是体感控制？"

"是的，"马达说，"只要能感应或者识别到人的动作，就会做出相应反应。"

我突然想到一个好办法，我们可以用体感控制来变魔术呀！一挥手，想要的东西就自动跑到手里，再一挥手，让开灯就开灯，让开门就开门！这不比交响乐有意思？

"只要咱们确保机器能准确识别，理论上是完全没问题的！"马达点头说。

"那太好了！"

我话还没说完，袁萌萌就说："你们先看会儿电视，我去给你们拿点儿水果！"

说完她又一挥手，电视居然自己打开了！还不止这些呢，要是想换台，根本不用遥控器，就跟翻页一样划拉划拉手就行，就跟魔法似的！

李小刺儿说："这个有意思！你们说咱们演出的那个大屏幕是不是也能像这个电视一样控制？"

马达思考了一下，说："有摄像头的话，应该就能控制！"

"那我们岂不是演出的时候也能用手势控制大屏幕的图案了？"

更神奇的还在后头呢，袁萌萌一开冰箱，冰箱居然开口说话了："检测到苹果已过期，已丢弃，正在重新下单。"

好家伙，我都记不清什么东西过期了，什么东西该买了，这冰箱倒好，比我的脑子都清楚！

最最最神奇的还是她家的衣柜，只要袁萌萌一说"变春天"，她家衣柜就哐啷哐啷地开始变，没一会儿就把冬装全都换成了春装！她再一喊"变夏天"，春装又都换成了夏装！乖乖，她家果然很神奇！在这样的环境里住着，只要动动手张张嘴就行了，别的啥都不用干！

不过，我倒是在她衣柜里看见一件很奇怪的衣服。

"袁萌萌，这件衣服上怎么还有这么多小灯泡啊？"

"什么小灯泡，这叫 LED！只要我把开关打开，它就能在晚上发光！不信你们看。"说完，袁萌萌大手一挥，把灯关上了，然后她打开衣服上的开关，那些 LED 灯闪出不同颜色的光来。

"那咱们可以用这个衣服跳舞啊！"李小刺儿再次说。

"又是跳舞？"

大家都对跳舞没兴趣，只有袁萌萌，不光没意见，还特别兴奋："我觉得小慈说得对！我们就跳舞，来一场人体灯光秀！"

"人体灯光秀？"

"对啊，咱们穿这种衣服来一个太空舞，把体感控制装到衣服上，哪个部分有动作，哪个部分就亮！到时候，只要大家伸伸胳膊腿儿，就能用灯光组成各种图案，说不定还能来个波浪什么的，再配合上灯光特效啥的，不比魔术好玩儿？"

钱滚滚一脸为难："可我们都不会跳舞啊！到时候跳得特别丑怎么办？"

"那怕什么，跳舞的事儿我来，"李小刺儿说，"你们在后面配合我抬抬胳膊动动腿就行了！再说，回头灯光一灭，谁看得见你跳得好不好呀！"

"这倒是个好主意！那我们就管这次的发明叫——奇妙制造机！编程小队，开工！"袁萌萌说。

就这样，在我们所有人的努力下，奇妙制造机终于诞生了！很快就到了奇妙夜这天，可没想到，开演前教导主任宣布了一个让我们大吃一惊的消息："各位观众！为了增加我们演出的趣味性，大家可以随时给自己喜欢的节目投票，演出结束后，得票数最多的节目，就会

获得奇妙夜特别奖！"

什么？居然还有特别奖！哇，我们能不能拿到特别奖呢？

"话不多说，下面请大家欣赏开场演出《未来交响乐》！"

交响乐？一股熟悉的味道扑面而来，可能、大概、也许、不会真的是——

一束白光打在舞台上，站在光圈里的，可不就是百里能嘛！他穿着燕尾服，两手空空，身旁一样乐器都没有。

观众席上出现了躁动，毕竟一个人又没有乐器的交响乐，还挺神奇的。不过，这丝毫没有影响台上的百里能，他稳稳地站在台上，用力向上挥动了一下右手，大提琴的声音响了起来。舞台的一角突然亮起一束追光，那大提琴正自动演奏着！

这是什么操作？哦！我明白了！体感控制装置。

没等大家缓过神儿来，百里能的手继续在空中挥舞，接连不断的乐器加入进来，最后居然真的组成一个小交响乐团！

观众们鼓起掌来，没想到百里能的节目居然能收获这么热烈的掌声。要是我们输给他可怎么办啊！

　　到了投票环节，大屏幕上的票数开始一直往上滚动，百里能最后的得票数停在了——932票！

　　完了完了，要是我们拿不到那么多票，不就输了嘛！后面的节目我都没心思看了，晚会节目一个又一个，可百里能一直稳居排行榜第一。这时，主持人说："最后一个节目是由三年二班的同学们带来的《未来秀》，大家掌声欢迎！"

　　演出的时刻终于来了！全场灯光瞬间关闭，我赶紧深吸一口气，走到舞台上。我左手一抬，啪——一束追光从左边打到我身上，我再一抬右手，右边也打下一束追光。接下来，就是我们带给大家的第一个惊喜！我左右手伸直后，手腕一转，再往回一拉。太空飞船的控制台，各种仪器的道具就像长了腿儿一样从后台跑了出来！这时候我也没停，一直在变换着手势，配合音乐和灯光，这些道具最终乖乖地各就各位，看得观众们目瞪口呆！

　　我听到台下有人窃窃私语："你快掐掐我！我不是做梦吧？这道具怎么跟被施了魔法一样？"

"该不会他们班的同学都会魔法吧！"

这时，我突然转身，灯光又暗了下来。我左手一晃，一道火焰从大屏幕上喷了出来，我又晃了一下右手，大屏幕上伸出一道冰柱。最后，我双手在头顶合十，火焰和冰柱瞬间撞到一起，发出耀眼的光。

趁着这道光，我张开双手，整个大屏幕缓缓打开，从后面走出五个身影。全场灯光瞬间熄灭，大家跟着音乐节奏抬手，身上的光带依次亮了起来。慢慢地，光带组成飞机的形状，绕着舞台飞了一圈！然

后，大家又马上变换队形，组成一艘宇宙飞船！

台下爆发出一阵热烈的欢呼声，原来是两个比格蒙突然出现在观众席，他们一边儿跳一边儿带着大家鼓掌！

台上的队形又变了，这回变成一个机器人！机器人做什么动作，两个比格蒙就做什么动作。

掌声越来越热烈，越来越大声，直接触动了我们最后一个惊喜机关——唰一下，舞台前方打出一排绚丽的灯光，整场演出到达了最热

烈的时刻!

随着灯光的熄灭,演出终于结束了!听大家的掌声,我们的效果很不错嘛!

"快看,要公布分数了!"钱滚滚不安地说。

"三年二班节目的最终得票是——933票!全场票数最多的节目,恭喜他们!这次特别奖属于他们!"

"啊啊啊啊!赢了!我们以一票险胜!"

颁奖典礼上,我们编程小队捧起了奖杯。那一刻,别提多开心了。我们还获得了奇妙科学博物馆的免费年卡,一人一张,真是太好了!

不过,百里能有些不服气地说:"你们的节目,还不赖!这次算你们厉害,不过我的节目也不差!"

哈哈哈哈,百里能就会嘴硬,我都看见他给我们鼓掌了!没关系,早晚他会对我们编程小队心服口服的!

转眼一个学期过去了,马上就要放暑假了,还真有点儿舍不得呀!那么——编程小队,下学期见!

不知不觉，这个学期就要结束了！我们编程小队要用完美的演出给这个学期画上一个句号！为此，大家一致决定，发明一台奇妙制造机，完成我们奇妙夜的演出。来看看我们的发明过程吧。

1. 表演者穿上装好程序的体感套装，打开装好程序的智能屏幕

2. 使用者做动作时，体感套装上的传感器会识别动作，并显示对应的灯光效果

3. 体感套装将动作信号发送到智能屏幕

4. 智能屏幕收到信号后，将对应效果呈现出来

5. 体感套装与智能屏幕相互配合，酷炫的舞台效果产生啦

我们戴上体感手套、穿上体感外衣后，它们会检测到我们身体的动作，并把动作信号发送出去。接收到信号的物品就会像有了魔法一样，按照我们的指挥显示出特定的效果，共同呈现出精彩的舞台效果！

我们的节目能如此精彩，获得第一名，可多亏了奇妙制造机。没想到体感控制能有这么神奇的效果。

体感控制是一种人们直接使用肢体动作，与周边的装置或环境互动的技术。无须使用任何复杂的控制设备，便可让人们与机器或虚拟空间互动。

体感控制听起来挺玄乎的，但其实这项技术在我们的生活中应用已经十分广泛。

体感游戏

通过游戏手柄玩网球、跳绳等健身游戏，让我们在家也能跟朋友一起体验户外运动。

体育训练

通过体感装置，捕捉运动员的运动数据，从而帮助运动员更有针对性地训练，提升成绩。

医疗帮助

体感装置可以帮助病人进行模拟康复训练，帮助病人更快恢复健康。

未来，体感控制肯定还能走进课堂。真期待有一天，我们可以用体感摄像头和虚拟世界交互，在逼真的场景里学习天文、海洋、人体、品德、安全等知识。

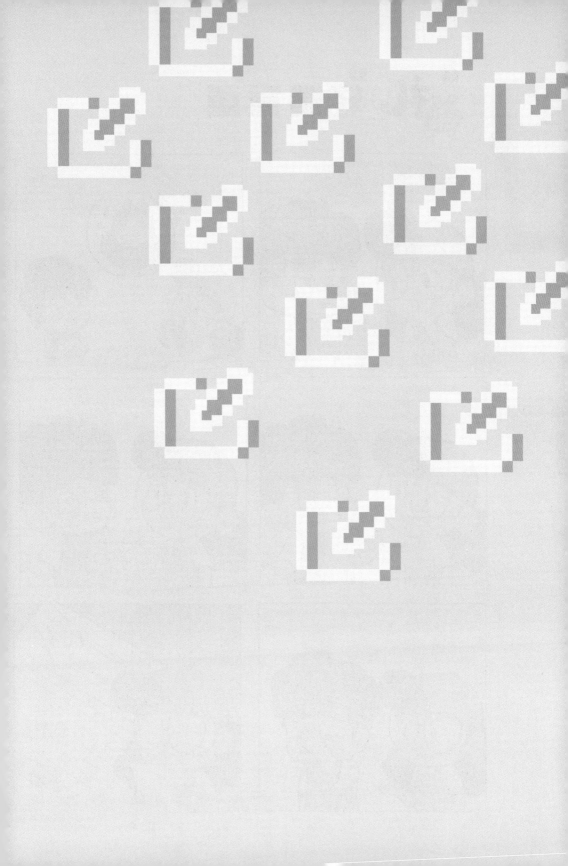

"礼"轻情意重

才艺 展 示

1 咱班同学好有才呀！马达会打架子鼓！

2 欧阳会打非洲鼓！

3 杠上花会打腰鼓！

4 我也会！

哦？你会打什么鼓？

5 退堂鼓

嘀嘀嘀，您已进入抬杠状态，请及时冷静，调整情绪！

创作流程

6. 内容审核

7. 内容终审

8. 图文定稿

完成啦! 🖤

你以为这就完成了吗?
当然不是,书稿还要交给出版方——果麦和出版社
请继续往下看

9. 出版编校

10. 完成啦!

完成啦! 🖤

好了,这就是你看到的这套书!
(再见)

超能编程队 4 我是发明家

总　策　划｜李　翊

监　　　制｜黄雨欣

内 容 主 编｜黄振鹏

执 行 策 划｜刘　绚

故 事 编 写｜涂　洁　刘　绚　王　岚　杨　洋

插　　　画｜孙　超　李子健　白　羽　范雪慧

编 程 教 研｜蔡键铭　陈　月　王一博　王浩岑

产 品 经 理｜于仲慧

产 品 总 监｜韩栋娟

装 帧 设 计｜付禹霖

特 约 设 计｜小　一

技 术 编 辑｜丁占旭

执 行 印 制｜刘世乐

出 品 人｜刘　方

图书在版编目（CIP）数据

超能编程队. 4, 我是发明家 / 猿编程童书著. ——
昆明 ：云南美术出版社，2022.7（2023.8重印）
ISBN 978-7-5489-4979-4

Ⅰ. ①超… Ⅱ. ①猿… Ⅲ. ①程序设计－青少年读物
Ⅳ. ①TP311.1-49

中国版本图书馆CIP数据核字(2022)第097457号

责任编辑：梁　媛　洪　娜
责任校对：赵　婧　温德辉　邓　超
装帧设计：付禹霖

超能编程队. 4, 我是发明家
猿编程童书　著

出版发行：云南出版集团
　　　　　云南美术出版社（昆明市环城西路609号）
制版印刷：天津市豪迈印务有限公司
开　　本：710mm x 960mm　1/16
印　　张：7.5
字　　数：210千字
印　　数：15,001-18,000
版　　次：2022年7月第1版
印　　次：2023年8月第3次印刷
书　　号：ISBN 978-7-5489-4979-4
定　　价：39.80元